CIÊNCIAS na BNCC - SÉRIES INICIAIS:
atividades e experimentos
Porangatu Educacional

ÍNDICE

Introdução

MATÉRIA E ENERGIA

1. Balão que infla sozinho
2. Cores no leite
3. Densidade de líquidos coloridos
4. Lâmpada de lava caseira
5. Energia do limão
6. Água que sobe no copo
7. Corrida de gelo
8. Som com copos de água
9. Transformação da água em vapor
10. Bolhas gigantes

VIDA E EVOLUÇÃO

11. Plantas que "bebem" água colorida
12. Investigação com minhocas
13. Modelo de pulmão com balões
14. Camuflagem de animais
15. Desenhando a cadeia alimentar
16. Explorando os sentidos
17. Fotossíntese e folhas em água
18. Colônia de bactérias
19. Exploração de habitats
20. Classificação de sementes

TERRA E UNIVERSO

21. Modelo do Sistema Solar
22. Simulação de eclipses
23. Erupção vulcânica caseira
24. Cristais de sal
25. Medindo a sombra do Sol
26. Simulação de placas tectônicas
27. Rochas de giz
28. Criação de fósseis com massinha
29. Ciclo das rochas
30. Constelações com lanternas

Introdução

A BNCC organiza o ensino de **Ciências da Natureza** no Ensino Fundamental (anos iniciais) em torno de **eixos estruturantes** que orientam a construção do conhecimento científico e o desenvolvimento do pensamento investigativo. Esses eixos visam despertar a curiosidade e a capacidade dos estudantes de interpretar, questionar e transformar o mundo ao seu redor. São eles:

1. Fenômenos da Natureza

Este eixo foca na compreensão de fenômenos naturais e suas regularidades, promovendo a investigação e a reflexão sobre o funcionamento do mundo físico, químico e biológico. Abrange:

Movimentos e interações (forças, energia, luz e som);
Propriedades de materiais e substâncias;

Fenômenos climáticos e ciclos da natureza, como a água e o clima.

2. Vida e Evolução

Explora a diversidade dos seres vivos e suas características, destacando aspectos relacionados à evolução, adaptação e ecossistemas. Este eixo incentiva a compreensão de:

Diferenças entre organismos e seus modos de vida;
Cadeias alimentares e relações ecológicas;
Conservação da biodiversidade e a importância dos ecossistemas.

3. Ambiente e Sociedade

Relaciona o impacto das ações humanas no meio ambiente, incentivando uma visão crítica e responsável sobre o consumo, a sustentabilidade e a preservação do planeta. Envolve:

Problemas ambientais, como poluição e desmatamento;
Uso sustentável de recursos naturais;
Mudanças climáticas e suas consequências.

4. Corpo Humano e Saúde

Aborda o funcionamento do corpo humano, cuidados com a saúde e hábitos de vida saudável. Esse eixo é essencial para o desenvolvimento de uma consciência sobre o autocuidado e o bem-estar. Inclui:

Sistemas do corpo humano (digestivo, respiratório, circulatório, etc.);
Alimentação saudável e prática de atividades físicas;
Higiene e prevenção de doenças.

5. Tecnologia e Sociedade

Foca na inter-relação entre ciência, tecnologia e sociedade, estimulando o pensamento crítico sobre inovações e suas implicações éticas e sociais. Este eixo aborda:

Uso de tecnologias na vida cotidiana;
Impacto da tecnologia no meio ambiente e na sociedade;
Investigação científica e suas contribuições para a qualidade de vida.

6. Processos de Investigação Científica

Embora transversal, esse eixo orienta todas as aprendizagens em Ciências da Natureza, incentivando a prática investigativa. Envolve:

Levantamento de hipóteses e formulação de perguntas;
Realização de experimentos e coleta de dados;
Análise crítica e comunicação de resultados.

Integração e Interdisciplinaridade

A BNCC incentiva a **interdisciplinaridade**, conectando os conteúdos de Ciências da Natureza com outras áreas, como Matemática, Geografia e Educação Ambiental. Essa abordagem ajuda os estudantes a verem a ciência como parte integral de suas vidas e a aplicarem o conhecimento científico em problemas reais.

Esses eixos garantem que o ensino de Ciências da Natureza nos anos iniciais contribua para o desenvolvimento de competências como pensamento crítico, responsabilidade ambiental e capacidade de resolver problemas, preparando os estudantes para serem cidadãos mais conscientes e atuantes.

Aprendizagem por meio da experimentação lúdica

Acreditamos que a aprendizagem, especialmente para as crianças, deve ser uma experiência prazerosa. Brincar, experimentar e descobrir são formas lúdicas de explorar o mundo e desenvolver o pensamento científico. A ciência, quando ensinada de forma criativa e interativa, torna-se uma poderosa ferramenta para o desenvolvimento da autonomia intelectual. Quando a brincadeira encontra a ciência, o aprendizado se transforma em uma vivência libertadora e significativa.

Quando o aprendizado se dá por meio da ludicidade — ou seja, através de atividades que despertam a imaginação, o prazer e o senso de descoberta —, a criança passa a se conectar profundamente com o conteúdo, desenvolvendo um pensamento científico significativo. Brincar, experimentar e descobrir se tornam caminhos fundamentais para a construção do conhecimento científico.

Este é um livro de experimentos e atividades práticas. Um guia com boas sugestões que podem ser ampliadas, adaptadas e servem de inspiração para a elaboração de novas ideias em total consonância com os princípios da Base Nacional Comum Curricular para Ciências da Natureza.

Desde o momento em que uma criança entra na escola, ela se depara com um universo de novas descobertas. Ela explora o jardim, as salas de aula, observa os insetos e os pássaros ao redor, e, acima de tudo, começa a interagir com o outro. Esse processo de descoberta e conexão com o mundo ao seu redor faz parte da educação científica.

Paulo Freire descrevia a alfabetização como uma forma de ligar a vivência de uma pessoa ao ato de escrever. No caso do letramento científico, um paralelo semelhante pode ser traçado. A educação científica deve começar não como algo distante e especializado, mas como uma forma de aproximar o conhecimento popular, os saberes do cotidiano, de uma compreensão mais organizada e reflexiva do mundo. Freire, sempre à frente de seu tempo, já apontava para essa integração, pois todos nós, de alguma forma, somos produtores de saberes científicos.

A ciência, longe de ser uma entidade única e abstrata, é múltipla. O que chamamos de "Ciência" pode, na verdade, ser entendido como "Ciências", refletindo as diversas perspectivas que as pessoas trazem de suas histórias de vida e experiências. Um exemplo claro disso é o conceito de natureza, que muda completamente de acordo com a visão cultural de quem o observa. Enquanto para muitos a natureza é algo distante, para outras culturas, como as indígenas, ela é parte inseparável da vida humana. Queremos, através deste livro, promover essa aproximação entre os mundos distintos por meio da ciência.

Por muito tempo, a escola e a sociedade validaram uma forma única de ciência, a ciência racional e normativa, e embora essa abordagem tenha seu valor, é necessário entender que outros saberes, outras metodologias e olhares também são ciências. Letramento científico vai além de ensinar conceitos; trata-se de proporcionar à criança o desenvolvimento de uma visão crítica, investigativa e curiosa, em todas as fases da vida.

O que isso significa na prática? Que a educação científica deve começar desde cedo, já na educação infantil. A criança, desde muito pequena, quando explora o ambiente, interage e experimenta, já está construindo saberes científicos. Este livro traz uma reflexão sobre como, em cada etapa da educação, a abordagem científica deve ser adaptada e ampliada, sempre respeitando o conhecimento prévio da criança e proporcionando novas formas de explorar o mundo.

Transformando Alunos em Sujeitos Ativos

No ensino de ciências, a transformação do aluno em sujeito ativo de sua própria aprendizagem é um objetivo central. Em vez de tratar o aluno como um recipiente passivo de informações, o professor deve estimular a autonomia intelectual, permitindo que as crianças conduzam suas próprias investigações, façam suas próprias descobertas e construam o conhecimento de maneira significativa.

As atividades práticas desempenham um papel crucial nesse processo. Por meio de experimentos, observações e projetos, os alunos são colocados no centro da aprendizagem, utilizando suas habilidades cognitivas para resolver problemas e testar hipóteses. Isso não só reforça o conteúdo científico, mas também desenvolve habilidades importantes, como o pensamento crítico, a capacidade de resolução de problemas e a autonomia.

Um exemplo prático dessa abordagem seria a exploração de um fenômeno natural, como a germinação de uma planta. Em vez de simplesmente explicar o processo de germinação, o professor pode propor que os alunos plantem suas próprias sementes e observem o crescimento ao longo do tempo. Ao registrar suas observações, discutir os fatores que influenciam o crescimento e comparar os resultados, as crianças não apenas aprendem sobre botânica, mas também se tornam investigadoras ativas, experimentando a ciência de maneira prática e envolvente.

MATÉRIA E ENERGIA

1. Balão que infla sozinho

OBJETIVOS

Demonstrar a produção de gás carbônico a partir de uma reação química.
Introduzir conceitos de estados físicos da matéria (sólido, líquido, gás).

DESENVOLVIMENTO

Coloque cerca de 50 ml de vinagre em uma garrafa plástica.
Encha um balão com 1 a 2 colheres de sopa de bicarbonato de sódio (use um funil para facilitar).
Fixe o balão na boca da garrafa sem deixar o bicarbonato cair dentro.
Levante o balão, permitindo que o bicarbonato caia no vinagre.

Observe o balão inflar devido à liberação de gás carbônico.

POSSIBILIDADES DE AMPLIAÇÃO DE PESQUISA

Experimente diferentes quantidades de vinagre e bicarbonato para medir a variação na produção de gás.
Explore a relação entre temperatura do vinagre e a velocidade da reação.
Pesquise aplicações do gás carbônico no cotidiano, como em extintores de incêndio ou refrigerantes.

MATERIAIS

Garrafa plástica (500 ml)
Balão
Vinagre
Bicarbonato de sódio
Funil

2. Cores no leite

OBJETIVOS

Explorar a tensão superficial dos líquidos. Demonstrar como o detergente atua na quebra da tensão superficial.

DESENVOLVIMENTO

Coloque leite em um prato raso até cobrir o fundo.
Pingue algumas gotas de corante alimentar de diferentes cores na superfície do leite.
Use um palito de dente com detergente e encoste na superfície do leite.
Observe o movimento das cores se dispersando.

POSSIBILIDADES DE AMPLIAÇÃO DE PESQUISA

Teste diferentes tipos de leite (integral, desnatado, vegetal) para verificar a diferença na dispersão.

Pesquise como a gordura e outras propriedades do leite influenciam a tensão superficial.

Relacione o experimento ao uso de detergentes na limpeza de superfícies gordurosas.

MATERIAIS

Prato raso
Leite integral
Corante alimentar
Detergente
Palito de dente

3. Densidade de líquidos coloridos

OBJETIVOS

Demonstrar o conceito de densidade e como ela afeta a estratificação de líquidos.
Introduzir a ideia de densidade relativa entre diferentes substâncias.

DESENVOLVIMENTO

Prepare uma jarra ou copo transparente.
Adicione, na seguinte ordem, mel, água colorida (com corante) e óleo.
Observe como os líquidos se organizam em camadas distintas devido às diferenças de densidade.
Para um efeito visual mais interessante, use corantes de cores diferentes em cada líquido.

POSSIBILIDADES DE AMPLIAÇÃO DE PESQUISA

Teste outros líquidos (xarope, álcool, detergente) e compare suas densidades.

Relacione a densidade com situações reais, como o flutuar de barcos ou a separação de petróleo e água.
Estude como a densidade varia com a temperatura.

MATERIAIS

Copo ou jarra transparente
Mel
Óleo de cozinha
Água
Corante alimentar (opcional)

4. Lâmpada de lava caseira

OBJETIVOS

Demonstrar a interação entre líquidos imiscíveis (óleo e água).
Explorar a liberação de gás e sua capacidade de movimentar partículas.

DESENVOLVIMENTO

Encha 2/3 de uma garrafa transparente com óleo de cozinha.
Complete com água, deixando espaço no topo da garrafa.
Adicione algumas gotas de corante alimentar para colorir a água.
Insira uma pastilha efervescente na garrafa e observe o movimento das bolhas.
Para um efeito contínuo, continue adicionando pastilhas.

POSSIBILIDADES DE AMPLIAÇÃO DE PESQUISA

Teste diferentes óleos (óleo mineral, de bebê, etc.) para observar variações no comportamento.
Relacione o experimento à criação de lâmpadas de lava comerciais e seus princípios.

Discuta a solubilidade e a densidade das substâncias utilizadas.

MATERIAIS

Garrafa transparente (plástica ou de vidro)
Óleo de cozinha
Água
Corante alimentar
Pastilhas efervescentes

5. Energia do limão

OBJETIVOS

Demonstrar a geração de eletricidade a partir de reações químicas.
Introduzir conceitos básicos de circuitos elétricos.

DESENVOLVIMENTO

Faça dois cortes rasos no limão e insira uma moeda de cobre em um deles e um parafuso de zinco no outro.
Conecte fios de cobre a cada uma das peças metálicas e ligue a um LED pequeno.
Observe o LED acender, demonstrando a geração de eletricidade a partir da reação entre os metais e o suco ácido.
Para aumentar a energia, conecte mais limões em série.

POSSIBILIDADES DE AMPLIAÇÃO DE PESQUISA

Teste diferentes frutas e vegetais para verificar a geração de eletricidade.
Explique como a eletrólise e os metais influenciam a geração de corrente.
Discuta aplicações reais de baterias sustentáveis.

MATERIAIS

Limões (1 ou mais)
Moeda de cobre
Parafuso de zinco
Fios de cobre
LED pequeno

6. Água que sobe no copo

OBJETIVOS

Demonstrar os efeitos da pressão atmosférica e da expansão e contração de gases.
Explorar o comportamento do ar em ambientes fechados.

DESENVOLVIMENTO

Encha um prato fundo com água colorida (use corante para facilitar a visualização). Coloque uma vela no centro do prato e acenda-a.

Cubra a vela com um copo transparente. Observe a chama apagar e a água subir no interior do copo.

Discuta como a queima do oxigênio e a queda de pressão dentro do copo causam o fenômeno.

POSSIBILIDADES DE AMPLIAÇÃO DE PESQUISA

Use copos de tamanhos diferentes e compare o volume de água que sobe. Relacione o experimento ao funcionamento de vacuômetros e instrumentos que utilizam pressão. Pesquise como a pressão atmosférica afeta o comportamento dos líquidos em geral.

MATERIAIS

Prato fundo
Água colorida (com corante)
Vela

Copo transparente
Fósforos ou isqueiro

7. Corrida de gelo

OBJETIVOS

Demonstrar como diferentes substâncias afetam a velocidade de fusão do gelo. Introduzir conceitos de calor, transferência de energia e alterações físicas da matéria.

DESENVOLVIMENTO

Prepare cubos de gelo iguais e coloque-os em superfícies separadas (prato, tecido, etc.).
Adicione diferentes coberturas aos cubos, como sal, açúcar, ou deixe um cubo sem nada (controle).

Observe e registre o tempo que cada cubo leva para derreter.
Explique como o sal reduz o ponto de fusão e acelera o derretimento do gelo.

POSSIBILIDADES DE AMPLIAÇÃO DE PESQUISA

Teste outros materiais como farinha, areia ou óleo e compare os resultados.
Explore o impacto da temperatura ambiente no experimento.
Relacione o experimento ao uso de sal em estradas durante o inverno.

MATERIAIS

Cubos de gelo (de tamanho igual)
Sal
Açúcar
Superfícies diferentes (prato, tecido, etc.)
Cronômetro

8. Som com copos de água

OBJETIVOS

Demonstrar como o volume de água influencia o som produzido.
Explorar conceitos de acústica e vibração.

DESENVOLVIMENTO

Alinhe 5 a 6 copos de vidro ou plástico transparente.
Encha cada copo com diferentes quantidades de água (ex.: do mais vazio ao mais cheio).
Bata suavemente na lateral de cada copo com uma colher e ouça os diferentes sons produzidos.
Discuta como a altura do som varia com o volume de água no copo.

POSSIBILIDADES DE AMPLIAÇÃO DE PESQUISA

Adicione corante à água para criar uma experiência visual e sonora.
Relacione o experimento à construção de instrumentos musicais, como o xilofone de vidro.
Explore como materiais diferentes (vidro, plástico, cerâmica) afetam o som.

MATERIAIS

Copos de vidro ou plástico
Água
Colher

9. Transformação da água em vapor

OBJETIVOS

Demonstrar a mudança de estado físico da água (líquido para gasoso).
Introduzir o conceito do ciclo da água.

DESENVOLVIMENTO

Aqueça uma panela com água em um fogão ou aquecedor elétrico.
Observe o vapor saindo da panela quando a água ferve.
Explique como o calor aumenta a energia das moléculas, transformando a água líquida em vapor.
Use uma tampa fria sobre a panela para mostrar a condensação do vapor em água novamente.

POSSIBILIDADES DE AMPLIAÇÃO DE PESQUISA

Relacione o experimento ao ciclo da água na natureza (evaporação, condensação, precipitação).

Explore como a pressão atmosférica afeta o ponto de ebulição.
Estude o uso de vapor em indústrias e geração de energia.

MATERIAIS

Panela ou aquecedor elétrico
Água
Tampa de panela (opcional)

10. Bolhas gigantes

OBJETIVOS

Explorar a tensão superficial dos líquidos.
Demonstrar como misturas específicas criam bolhas grandes e resistentes.

DESENVOLVIMENTO

Prepare uma mistura de água, detergente e glicerina (2 partes de água, 1 parte de detergente, 0,5 parte de glicerina).
Use um aro (feito com arame ou barbante) para criar as bolhas.
Mergulhe o aro na solução e puxe-o suavemente para formar bolhas grandes.
Discuta como a glicerina ajuda a fortalecer a película da bolha, retardando a evaporação da água.

POSSIBILIDADES DE AMPLIAÇÃO DE PESQUISA

Teste diferentes proporções de detergente e glicerina para comparar os resultados.
Explore como a temperatura ou a umidade afetam a formação das bolhas.
Relacione o experimento à física da tensão superficial e ao uso de sabões no cotidiano.

MATERIAIS

Água
Detergente líquido
Glicerina (encontrada em farmácias ou lojas de artesanato)
Aro para formar bolhas (arame ou barbante)

VIDA E EVOLUÇÃO

11. Plantas que "bebem" água colorida

OBJETIVOS

Demonstrar o transporte de água nas plantas por capilaridade.
Explorar como as plantas absorvem nutrientes e água do solo.

DESENVOLVIMENTO

Encha copos com água e adicione corante alimentar de diferentes cores.
Coloque talos de aipo com folhas ou flores brancas nos copos.
Deixe o experimento por algumas horas ou durante a noite.
Observe como as cores sobem pelos talos ou tingem as pétalas, indicando a absorção da água.
Explique o processo de capilaridade e a importância do transporte de água para as plantas.

POSSIBILIDADES DE AMPLIAÇÃO DE PESQUISA

Teste diferentes tipos de plantas (flores, folhas grossas, etc.) para comparar os resultados.
Relacione o experimento à importância de irrigação no cultivo de plantas.

Estude o impacto de substâncias diferentes, como água com sal ou açúcar, no transporte de líquidos.

MATERIAIS

Copos transparentes
Água
Corante alimentar
Talos de aipo com folhas ou flores brancas

12. Investigação com minhocas

OBJETIVOS

Demonstrar a importância das minhocas na aeração e fertilidade do solo.
Observar o comportamento das minhocas em um habitat controlado.

DESENVOLVIMENTO

Crie um pequeno habitat em um recipiente transparente, alternando camadas de terra, areia e folhas secas. Adicione algumas minhocas ao recipiente e cubra parcialmente para manter o ambiente escuro.
Deixe o habitat descansar por alguns dias e observe como as minhocas movem o solo.
Discuta como as minhocas ajudam na decomposição e na aeração do solo.

POSSIBILIDADES DE AMPLIAÇÃO DE PESQUISA

Experimente alimentar as minhocas com diferentes materiais orgânicos e observe a decomposição.
Relacione o papel das minhocas à compostagem e agricultura sustentável.
Estude como a presença de minhocas afeta o crescimento de plantas em solo tratado.

MATERIAIS

Recipiente transparente
Terra, areia e folhas secas
Minhocas (coletadas em jardins ou compradas)
Água para manter o solo úmido

13. Modelo de pulmão com balões

OBJETIVOS

Demonstrar o funcionamento dos pulmões humanos durante a respiração. Explorar os conceitos de pressão e volume de ar.

DESENVOLVIMENTO

Corte a base de uma garrafa plástica para criar a estrutura do modelo.

Fixe um balão na abertura superior (representando os pulmões).
Estique um pedaço de balão ou luva de borracha na base cortada da garrafa (representando o diafragma).
Puxe e empurre o pedaço de borracha para mostrar como o balão se enche e esvazia, simulando a respiração.
Explique como o diafragma ajuda a controlar a entrada e saída de ar nos pulmões.

POSSIBILIDADES DE AMPLIAÇÃO DE PESQUISA

Relacione o modelo ao impacto de atividades físicas na respiração.
Explore como fatores como poluição ou tabagismo afetam os pulmões.
Investigue a respiração em outros organismos, como peixes e insetos.

MATERIAIS

Garrafa plástica
Balões (2)
Tesoura
Fita adesiva
Luva de borracha ou pedaço de balão

14. Camuflagem de animais

OBJETIVOS

Demonstrar como a camuflagem ajuda os animais a se esconderem de predadores.
Explorar a relação entre os organismos e o ambiente.

DESENVOLVIMENTO

Recorte formas de animais em papel ou imprima desenhos simples.

Pinte ou cubra os desenhos com cores que combinem com diferentes fundos (ex.: papel com cores naturais para florestas, areia para desertos).
Espalhe os desenhos camuflados em diferentes superfícies e peça que os alunos tentem encontrá-los.
Discuta como a camuflagem aumenta as chances de sobrevivência dos animais.

POSSIBILIDADES DE AMPLIAÇÃO DE PESQUISA

Estude casos reais de camuflagem, como os camaleões e borboletas.
Relacione a camuflagem à seleção natural e evolução.
Explore como os humanos usam camuflagem em atividades como caça e guerra.

MATERIAIS

Papéis coloridos ou desenhos de animais

Tesoura
Lápis de cor, canetinhas ou tintas
Superfícies diferentes para esconder os desenhos

15. Desenhando a cadeia alimentar

OBJETIVOS

Ensinar os conceitos de produtores, consumidores e decompositores. Visualizar e compreender as interações entre os seres vivos em um ecossistema.

DESENVOLVIMENTO

Prepare cartões coloridos representando diferentes níveis da cadeia alimentar (produtores, consumidores primários, secundários e decompositores). Inclua ilustrações ou imagens para cada nível.

Peça que os alunos organizem os cartões em sequência, formando cadeias ou teias alimentares.
Discuta as interações entre os níveis e a importância de cada um no equilíbrio ecológico.
Estimule os alunos a criarem suas próprias cadeias alimentares, usando exemplos locais (como plantas, insetos e animais da região).

POSSIBILIDADES DE AMPLIAÇÃO DE PESQUISA

Estude como as cadeias alimentares são afetadas por mudanças ambientais, como desmatamento ou introdução de espécies invasoras.
Explore cadeias alimentares em ecossistemas específicos, como florestas, oceanos ou desertos.

Relacione o conceito à pirâmide energética e eficiência do fluxo de energia.

MATERIAIS

Cartões coloridos
Lápis de cor, canetinhas ou imagens impressas
Fita adesiva ou ímãs para montagem

16. Explorando os sentidos

OBJETIVOS

Estimular a percepção sensorial e explorar como os sentidos ajudam a interpretar o ambiente.
Identificar as funções de visão, audição, tato, paladar e olfato.

DESENVOLVIMENTO

Monte cinco estações, cada uma dedicada a um sentido:

> **Visão** : mostre imagens ou use objetos coloridos e formas para explorar detalhes visuais.
> **Audição** : toque diferentes sons, como instrumentos musicais, sinos ou gravações de animais.
> **Tato** : inclua objetos com diferentes texturas, como lixa, algodão, papel bolha e pedra.
> **Paladar** : ofereça alimentos com sabores variados (doce, salgado, azedo e amargo).
> **Olfato** : utilize frascos com diferentes aromas, como café, flores, vinagre e especiarias.

Peça que os alunos registrem suas impressões em cada estação e discutam a importância dos sentidos na vida diária.

POSSIBILIDADES DE AMPLIAÇÃO DE PESQUISA

Explore como os sentidos variam entre humanos e outros animais.
Relacione os sentidos a profissões, como chefs, músicos ou cientistas.
Investigue como os sentidos funcionam em conjunto para perceber o ambiente.

MATERIAIS

Imagens ou objetos para visão
Fontes de som (instrumentos, gravações)
Objetos variados para tato
Alimentos simples para degustação
Frascos com aromas diversos

17. Fotossíntese e folhas em água

OBJETIVOS

Demonstrar a liberação de oxigênio pela fotossíntese.
Relacionar a fotossíntese à produção de energia e troca gasosa nas plantas.

DESENVOLVIMENTO

Colha algumas folhas frescas e coloque-as em um recipiente com água.
Submerja o recipiente em água quente (não fervendo) para liberar o ar preso na folha.
Posicione o recipiente em uma área ensolarada e observe a formação de bolhas ao redor das folhas, indicando a liberação de oxigênio.
Explique como as plantas usam luz solar, água e dióxido de carbono para produzir energia, liberando oxigênio como subproduto.

POSSIBILIDADES DE AMPLIAÇÃO DE PESQUISA

Compare o experimento com folhas de diferentes espécies ou em condições de luz e sombra.
Relacione o experimento ao impacto das plantas na qualidade do ar.
Investigue como fatores como poluição ou mudanças climáticas afetam a fotossíntese.

MATERIAIS

Recipiente transparente
Água quente
Folhas frescas
Local ensolarado

18. Colônia de bactérias

OBJETIVOS

Observar o crescimento de microrganismos em superfícies do cotidiano.
Aprender sobre higiene e a presença de bactérias no ambiente.

DESENVOLVIMENTO

Prepare placas de Petri com ágar nutritivo (seguindo as instruções do fabricante).
Peça que os alunos coletem amostras com cotonetes de superfícies como maçanetas, mesas ou mãos não lavadas.
Transfira as amostras para o ágar, esfregando o cotonete suavemente na superfície da placa.
Feche as placas e deixe-as em um local protegido e quente por alguns dias, observando o crescimento das bactérias.
Discuta as diferenças nas colônias formadas e a importância de lavar as mãos e limpar superfícies regularmente.

POSSIBILIDADES DE AMPLIAÇÃO DE PESQUISA

Investigue quais superfícies acumulam mais bactérias.
Compare o crescimento de bactérias em placas com diferentes condições (ex.: luz vs. escuridão).
Explore o uso de desinfetantes para reduzir o crescimento de microrganismos.

MATERIAIS

Placas de Petri
Ágar nutritivo
Cotonetes estéreis
Lupa ou microscópio simples
Luvas descartáveis

19. Exploração de habitats

OBJETIVOS

Identificar as características de diferentes habitats.
Relacionar os habitats às espécies que vivem neles.

DESENVOLVIMENTO

Divida os alunos em grupos e atribua a cada grupo um habitat: floresta, deserto ou aquático.
Peça que os alunos construam maquetes representando esses habitats, usando materiais como areia, pedras, plantas artificiais e figuras de animais.
Oriente os alunos a incluir elementos essenciais para a sobrevivência dos organismos, como água, abrigo e fonte de alimento.

Apresente as maquetes e discuta como as condições ambientais influenciam a vida nos diferentes habitats.

POSSIBILIDADES DE AMPLIAÇÃO DE PESQUISA

Investigue como as mudanças climáticas afetam os habitats naturais.
Compare os habitats naturais e artificiais (ex.: aquários ou jardins).
Explore as adaptações dos animais e plantas para sobreviver em condições extremas.

MATERIAIS

Caixas de papelão ou bandejas grandes
Areia, pedras, galhos e plantas artificiais
Figuras ou desenhos de animais
Cola, tesoura e tinta

20. Classificação de sementes

OBJETIVOS

Compreender a diversidade de sementes e sua importância na reprodução das plantas.
Desenvolver habilidades de observação e classificação.

DESENVOLVIMENTO

Apresente diferentes tipos de sementes, como feijão, milho, girassol, arroz e ervilha.
Peça que os alunos analisem as sementes e as classifiquem por critérios como tamanho, forma, textura e cor.
Discuta as funções das sementes e como elas são adaptadas para dispersão (ex.: pelo vento, água ou animais).

Estimule os alunos a plantar algumas sementes para observar seu crescimento e desenvolvimento.

POSSIBILIDADES DE AMPLIAÇÃO DE PESQUISA

Explore a relação entre a dispersão de sementes e o habitat onde elas germinam.
Compare sementes de plantas com diferentes ciclos de vida (anuais, bienais e perenes).
Investigue como a germinação é influenciada por condições ambientais, como luz e água.

MATERIAIS

Sementes variadas
Lupas para observação
Papel e lápis para registro
Vasos pequenos e terra para o plantio

TERRA E UNIVERSO

21. Modelo do Sistema Solar

OBJETIVOS

Compreender as escalas relativas e a disposição dos planetas no Sistema Solar.
Visualizar as diferenças de tamanho e distância entre os planetas.

DESENVOLVIMENTO

Forneça bolas de isopor de diferentes tamanhos para representar o Sol e os planetas.
Oriente os alunos a pintar cada bola com cores representativas dos planetas (ex.: vermelho para Marte, azul para Terra).
Disponha os planetas em uma linha para ilustrar suas posições relativas ao Sol.

Explique as diferenças de escala e a dificuldade de representar tanto o tamanho quanto as distâncias em um único modelo.

POSSIBILIDADES DE AMPLIAÇÃO DE PESQUISA

Explore as características únicas de cada planeta, como atmosferas e composições.
Investigue as luas principais dos planetas e suas órbitas.
Simule o movimento orbital dos planetas ao redor do Sol.

MATERIAIS

Bolas de isopor de vários tamanhos
Tintas e pincéis
Palitos de churrasco ou arame para suporte
Base de papelão ou madeira

22. Simulação de eclipses

OBJETIVOS

Demonstrar os princípios dos eclipses solares e lunares.
Explicar as posições relativas da Terra, Lua e Sol durante um eclipse.

DESENVOLVIMENTO

Em uma sala escura, posicione uma lanterna para representar o Sol.
Use uma bola para representar a Terra e um objeto menor (ex.: uma bola de tênis) para a Lua.
Mostre como a Lua bloqueia a luz durante um eclipse solar, projetando sua sombra na "Terra".
Demonstre o eclipse lunar movendo a "Lua" para a sombra da "Terra".

Discuta por que os eclipses não acontecem frequentemente, explicando a inclinação orbital da Lua.

POSSIBILIDADES DE AMPLIAÇÃO DE PESQUISA

Explore as diferenças entre eclipses totais, parciais e anulares.
Investigue como os antigos interpretavam os eclipses.
Relacione os eclipses às marés e outros fenômenos astronômicos.

MATERIAIS

Lanterna
Bola grande e pequena
Superfície plana para apoiar os objetos

23. Erupção vulcânica caseira

OBJETIVOS

Demonstrar reações químicas simples. Simular o processo de uma erupção vulcânica.

DESENVOLVIMENTO

Construa um vulcão com argila, massinha ou papel machê, deixando um espaço no topo para o "cratera".
No centro do vulcão, coloque um copo pequeno com bicarbonato de sódio. Adicione algumas gotas de corante vermelho para imitar lava.
Derrame vinagre no copo e observe a "erupção" gerada pela reação entre o bicarbonato e o vinagre.

Explique como os gases gerados na reação química fazem a "lava" subir e transbordar.

POSSIBILIDADES DE AMPLIAÇÃO DE PESQUISA

Relacione o experimento aos tipos reais de vulcões (explosivos e efusivos).
Explore os impactos ambientais das erupções vulcânicas.
Investigue como os vulcões estão relacionados à formação de ilhas e montanhas.

MATERIAIS

Argila, massinha ou papel machê
Copo pequeno
Bicarbonato de sódio
Vinagre
Corante alimentar

24. Cristais de sal

OBJETIVOS

Observar o processo de cristalização.
Explicar a dissolução e recristalização de substâncias.

DESENVOLVIMENTO

Aqueça água e dissolva sal até o ponto de saturação (quando o sal não se dissolve mais).
Despeje a solução em um recipiente transparente.
Pendure um fio ou barbante no recipiente, fixando-o com um lápis apoiado na borda.
Deixe o recipiente em local estável e observe os cristais se formando ao longo de alguns dias.

Explique o processo de evaporação da água e como isso leva à formação dos cristais.

POSSIBILIDADES DE AMPLIAÇÃO DE PESQUISA

Compare a cristalização de diferentes sais (ex.: sal de cozinha, sulfato de cobre).
Relacione o experimento aos processos naturais, como a formação de estalactites e estalagmites.
Explore como os cristais são usados na tecnologia, como em componentes eletrônicos.

MATERIAIS

Sal de cozinha
Água quente
Recipiente transparente
Fio ou barbante

Lápis

25. Medindo a sombra do Sol
OBJETIVOS:

Demonstrar o movimento aparente do Sol ao longo do dia.
Entender a relação entre a posição do Sol e as sombras formadas por objetos.
Introduzir conceitos de rotação da Terra e orientação geográfica.

DESENVOLVIMENTO:

Escolha um objeto fixo (como uma estaca ou um bastão).
Coloque-o em um local ao ar livre, onde a sombra possa ser projetada em um papel ou no solo.
Marque a ponta da sombra em intervalos regulares ao longo do dia (por exemplo, a cada hora).
Registre o comprimento e a direção da sombra para cada horário.

Compare os dados coletados para observar como a sombra muda com o passar do tempo.

POSSIBILIDADES DE AMPLIAÇÃO DE PESQUISA:

Explorar como as sombras variam em diferentes épocas do ano (solstícios e equinócios).
Estimar o horário local com base na posição da sombra e relacionar com o relógio solar.
Comparar os resultados com outros locais (coordenadas diferentes).

MATERIAIS:

Um bastão ou estaca.
Papel grande ou superfície plana para marcar as sombras.
Lápis ou marcador.
Relógio para registrar os horários.

26. Simulação de placas tectônicas
OBJETIVOS:

Entender os movimentos das placas tectônicas e suas interações (convergência, divergência e transformação).
Demonstrar fenômenos como terremotos e formação de montanhas.
Simular as dinâmicas geológicas que ocorrem no manto terrestre.

DESENVOLVIMENTO:

Encha uma bacia com água para simular a astenosfera.
Corte pedaços de isopor de tamanhos variados para representar placas tectônicas.
Coloque os pedaços de isopor na água, observando como flutuam e interagem entre si.

Movimente as "placas" para simular convergência (colisão), divergência (separação) e transformação (deslizamento lateral).
Registre as observações, incluindo os efeitos nas bordas das "placas".

POSSIBILIDADES DE AMPLIAÇÃO DE PESQUISA:

Investigar como a densidade e o tamanho das placas influenciam seu movimento.
Simular zonas de subducção usando materiais de densidades diferentes (como isopor e plástico).
Relacionar os movimentos simulados com os mapas de placas tectônicas do mundo real.

MATERIAIS:

Bacia com água.

Pedaços de isopor ou materiais flutuantes semelhantes.
Tesoura ou estilete para modelar as "placas".
Marcadores para rotular ou destacar bordas específicas.

27. Rochas de giz
OBJETIVOS:

Demonstrar a formação de rochas sedimentares a partir da compactação de materiais.
Introduzir conceitos como sedimentos, compactação e formação de camadas.
Relacionar o processo com a formação de rochas naturais.

DESENVOLVIMENTO:

Misture gesso em pó com água em um recipiente, até obter uma pasta homogênea.

Adicione corantes para criar camadas coloridas que simulem os diferentes sedimentos.
Despeje a mistura em moldes ou formas, criando camadas de cores diferentes.
Deixe secar completamente e retire do molde, observando a estrutura formada.
Compare com exemplos de rochas sedimentares reais (usando imagens ou amostras, se disponíveis).

POSSIBILIDADES DE AMPLIAÇÃO DE PESQUISA:

Experimentar diferentes proporções de água e gesso para observar variações na resistência do "giz".
Investigar o impacto de adicionar outros materiais (areia, cascalho) na textura final.
Comparar o "giz caseiro" com rochas sedimentares reais quanto à resistência e aparência.

MATERIAIS:

Gesso em pó.
Água.
Corantes alimentares ou naturais.
Moldes pequenos (copos descartáveis ou forminhas).
Espátula ou colher para misturar.

28. Criação de fósseis com massinha
OBJETIVOS:

Demonstrar como fósseis são formados através da pressão e da preservação de marcas no sedimento.
Explicar o processo de fossilização e sua importância para a paleontologia.
Estimular a criatividade e a observação de detalhes em marcas e formas naturais.

DESENVOLVIMENTO:

Pegue um pedaço de massinha ou argila macia e alise até formar uma superfície plana.

Utilize objetos naturais (como folhas, conchas, galhos ou pequenos ossos) para pressionar contra a massinha, criando marcas.

Retire cuidadosamente os objetos para revelar as impressões deixadas.

Discuta como esses vestígios podem ser preservados em sedimentos ao longo de milhões de anos.

Opcional: deixe a massinha secar para fixar as marcas, simulando a formação de fósseis petrificados.

POSSIBILIDADES DE AMPLIAÇÃO DE PESQUISA:

Comparar as marcas criadas com fósseis reais, usando imagens ou amostras.

Explorar diferentes materiais (como gesso ou argila endurecida) para simular processos mais próximos do real.
Investigar os tipos de fósseis (impressões, moldes, traços) e sua formação em diferentes ambientes.

MATERIAIS:

Massinha ou argila macia.
Objetos naturais (folhas, conchas, galhos).
Opcional: gesso ou argila que endureça.
Tabuleiro ou superfície plana para trabalhar.

29. Ciclo das rochas
OBJETIVOS:

Explicar as etapas do ciclo das rochas: sedimentar, metamórfica e ígnea.
Relacionar os processos geológicos a exemplos práticos do cotidiano.

Estimular a compreensão da transformação contínua dos materiais terrestres.

DESENVOLVIMENTO:

Mostre amostras ou imagens de rochas sedimentares (como arenito), metamórficas (mármore) e ígneas (basalto).
Use analogias simples do dia a dia para ilustrar o ciclo:

> Sedimentação: Despedace um biscoito ou pão em farelos para mostrar a formação de "sedimentos".
> Metamorfismo: Amasse papel alumínio para simular mudanças por pressão e calor.
> Rocha ígnea: Derreta uma vela e deixe endurecer novamente, simulando magma e lava.

Explique como essas etapas estão interligadas e são impulsionadas pelo movimento da Terra.

POSSIBILIDADES DE AMPLIAÇÃO DE PESQUISA:

Estudar como diferentes ambientes (oceano, montanha, vulcão) contribuem para a formação de tipos de rochas.
Simular processos de erosão e compactação em maior detalhe com areia ou cascalho.
Pesquisar a utilidade das rochas na vida cotidiana e na construção.

MATERIAIS:

Exemplos ou imagens de rochas sedimentares, metamórficas e ígneas.
Biscoito ou pão para representar sedimentos.
Papel alumínio para simular pressão.

Vela para demonstrar magma e lava.
Recipiente seguro para derreter a vela.

30. Constelações com lanternas
OBJETIVOS:

Demonstrar a formação de constelações e sua aparência no céu noturno.
Incentivar o aprendizado sobre astronomia de forma prática e lúdica.
Explorar o papel das constelações em diferentes culturas.

DESENVOLVIMENTO:

Pegue folhas de papel preto e faça furos representando estrelas de constelações conhecidas (como Órion ou Ursa Maior).
Posicione a folha na frente de uma lanterna ou fonte de luz.
Projete os padrões de constelações em uma parede escura ou teto.

Discuta como as constelações foram usadas na navegação e na contagem do tempo.
Relacione os desenhos formados com histórias mitológicas ou culturais.

POSSIBILIDADES DE AMPLIAÇÃO DE PESQUISA:

Criar novas constelações e inventar histórias para elas.
Estudar a movimentação aparente das constelações ao longo do ano.
Explorar como diferentes culturas interpretam as constelações.

MATERIAIS:

Papel preto ou cartolina.
Lápis e furador (como agulha ou alfinete).
Lanternas ou pequenas fontes de luz.
Ambiente escuro para projeção.

www.ingramcontent.com/pod-product-compliance
Lightning Source LLC
Chambersburg PA
CBHW051535240526
45471CB00020B/2681